TAG DER ERDE

WORTSUCHRÄTSEL

2021

Puzzle 1

```
E  Y  P  F  L  A  N  Z  E  N  A  N  J
D  D  N  P  O  N  B  R  K  J  N  C  X
X  W  R  E  C  Y  C  E  L  N  I  C  W
O  I  A  E  O  D  P  R  W  H  F  P
T  F  U  L     E  R  E  B  U  A  S  U
E  D  R  E     R  E  D     G  A  T  O
X  E  G  L  N  A  E  Z  O  U  I  H  R
C  L  A  P  A  W  I  T  E  N  A  L  P
X  Q  A  N  D  N  J  Y  T  F  I  C  M
R  K  S  I  V  H  D  R  Z  U  S  D  Y
A  Y  N  H  N  C  J  Q  U  J  M  S  T
```

Mutter Erde   Pflanzen

Planet   Ozean

Land   Tag der Erde

Saubere Luft   recyceln

Puzzle 2

```
I K S E S H W T I G C F V
R O U D R S F B D W A W S
H L W B W M U Q H C C U B
H S M G U Y A L V K E P S
T N F P N I D K F N S H Y
S B A D J E K R R R Z D E
N G D K O N T I N E N T Y
D J R W L G Q S N G E R L
P A S E Z U W Z Ü S S M Q
S S E U B E V M B W E M D
A K N N Y P T S A G E L P
```

Berg   Meer

Fluss   See

Insel   Vulkan

Kontinent   Wüste

Puzzle 3

```
W  T  S  U  N  A  M  I  L  H  L  E  P
W  L  S  C  F  N  N  I  K  U  E  Q  K
F  Q  L  R  H  I  B  G  I  R  Y  K  N
A  R  E  A  C  Ü  M  Q  F  R  Z  G  L
T  K  F  S  F  A  T  A  J  I  T  S  I
W  P  B  S  E  R  W  Z  V  K  T  M  A
E  Y  L  A  G  D  E  R  E  A  A  D  I
Y  A  G  W  F  E  L  S  E  N  L  Q  B
T  D  F  R  L  M  W  A  S  Q  F  M  N
W  V  M  Q  B  A  O  Q  W  A  Z  Q  S
B  Z  Z  O  V  U  Y  O  C  A  W  Y  Q
```

Felsen	Tsunami
Lava	Tal
Schützen	Wasserfall
Hurrikan	Wald

Puzzle 4

```
R I R K O D D S V D B S G
O E Y U C N N I P Q I U V
Ö R D W T D A L D A T M H
K N A U V L F R M T R W D
O D M L Z O U H I S Q E X
L B Y D O I S K S Z B L N
O D K D Q S E F I F A T G
G T G Y N B R R L R D F L
I L Y J T R P F E A G J Q
E O V E R F Ü G U N G A U
G N U Z T U M H C S R E V
```

Agrikultur	Umwelt
Reduzieren	Verfügung
Solar	Verschmutzung
Sparen	Ökologie

Puzzle 5

```
N V W U L L R S D G R Ü N
A Q E G L R A L C L L K A
Y W E R H A L T U N G M T
F X X B Ä L B P T F T T M
N W D M I N U B W M T W O
C F E R X S D P A K M W S
T S Q K K Z A E K U A Q P
V C Y F C K Q U R C B O H
C F W G N Ä G B B U A A Ä
C H O V Y I S C H E N F R
S F H O Z Y G D C T R G E
```

Abbaubar	Luft
Atmosphäre	Sauber
Erhaltung	Säcke
Grün	Veränderung

Puzzle 6

```
P R U T A N R E T T U M R
C O L F T F K F D U R X S
Z Q X Q F L M X V K T C G
L U F T K O N T R O L L E
K F F O T S T S N U K M M
F Y S W F E R S K E X H Z
O W W U W Y N P R Z D M Y
P W N R B T C K Z E D O B
R C P F F O D T V W U U B
B I C Q X H L P C R R A H
I J H S R P K G H B U D S
```

Boden

Globus

Kunststoff

Mutternatur

Natur

Luftkontrolle

Sauerstoff

WUrf

Puzzle 7

```
F N E T H O R D D E B H T F
L F E G P V B S C K G X E
G L O B I E D V P H D L Y
I V W T R L A C A D T W W
L P I I S E L J W Q E X F
Y L E B E N T I B A M M M
B Y Ü K I X N S W P B W R
O P M M W H G E S I S B G
Z Z I U J I G K R U E N O
O U J T K I Y I A B A R F
N L G Ö K O S Y S T E M F
```

Aussterben   Leben

Bedrohten   Müll

Brennstoff   Ozon

Freiwillige   Ökosystem

Puzzle 8

```
D U K Y O F A M H F J M V
T R O C K E N W A I S D T
I K N W D L M W W A N H R
N V X E A O I V U X U S X
M E B T F C Ä M U A B O C
K A P T Z K H Q A X B P N
I N P E N T S S U W E B J
U H N R I M A G T A X Y C
Y I T E I J Z O E U T Y B
D Z U S Z L M W C D M O B
V R H B W S A N P R A M R
```

April	Wachstum
Baum	Wetter
Klima	Äquator
Trocken	Bewusst

Puzzle 9

```
Z U H A U S E P E K M F Y
T F V O U E S Q C J Q Z O
P L A N D S C H A F T H C
D Z E F Z E S N F G F N T
F R M W D I B T A A U T M
A H A K R Y S Y E L R Q R
E W L H D E V P J R A E P
C U Z H W L I R Q S B B H
Q W Y L L O V T R E W E X
Z J E N T W A L D U N G N
E I G R E N E R A L O S L
```

Aussterben   Solarenergie

Balance   Tierwelt

Entwaldung   Wertvoll

Landschaft   Zuhause

Puzzle 10

```
A W D D X W Y C F M Z O B
Y H K Ü T L A F L E I V O
D F C Y R A A G M P O S O
V Z I S P R K U W B P O S
B I O D I V E R S I T Ä T
Y R Y V Y N L R I Q Q G H
J D O Y B W A O D S Y T Q
L D Y K P Y R T P E E H I
U H Q E Y B V G O N A M C
C X W G U M K N A B O S W
E H P O R T S A T A K B N
```

Vielfalt	Erde
Steigern	Katastrophe
Botanisch	Krise
Dürre	Biodiversität

Puzzle 11

```
E B G M E N S C H H E I T
H T O N S R E G N U H U L
Z O W A U R C Q J G U Z M
D G C N U K L E A R X L G
A S C H W E R K R A F T D
B C E I R Q T I E R F I P
L X B Y J I X D W F L P G
C C P Z T I S F V S A T I
I N I T I A T I V E U Z I
Z N A V A Y J K K T A A H
F E Q P M H A H R O D X Q
```

Auswirkung   Hungersnot

Hochrisiko   Schwerkraft

Initiative   Nuklear

Menschheit   Tier

Puzzle 12

```
H C P J E N R F L E W Y Ü
S Y X G E S V R A L E T B
J X N E D O B L A U C O E
W P F L E G E M E P L P R
C E I M E D N A P M Q Z L
V E Z K G M J I M K K F E
W C W Q P L U U L S K H B
P X E I N O P E D H N G E
C A R B O N R P E T Ü M N
S D S A S A M B Z O H R X
R K Z N S H C Z F J V I F
```

BLAU   Frühling

Boden   Pandemie

Carbon   Pflege

Deponie   Überleben

Puzzle 13

```
D T F A H C S N E S S I W
G L I I G G C K Q T V C P
C E A M Y J Z R M M E T S
W Y N W I S R J E T R X C
R X G E N B O Z N W H R H
J N E B R E T S S U A Z Ä
A V T E M A G E C W L E D
B B K R I I T E H O T G L
S M K R Q Q H I R W E W I
H C S I N A G R O H N L C
F A Y R Z A Z E G N O T H
```

Organisch   Regenwald

Mensch   Schädlich

Regenwald   Verhalten

Generation   Wissenschaft

Puzzle 14

```
F A T E T Z L T C Z S B R
N L U F T Q U A L I T Ä T
H K H B P E L K B I W D X
B C O C D U F F U O S Q K
T H S S S N S D Q N L C F
K S O I M N E H U F F G U
V A I O N O E Z N U B T I
N A B W Q A S M N D F L B
C K J Q Z X G M U Ä D E N
Q E K V X T J R O W L I F
K F F L L Q Q F O G A G V
```

Global	Mensch
Glänzend	Organisch
Kosmos	Smog
Luftqualität	Zukunft

Puzzle 15

O	N	O	E	U	R	S	R	Z	R	C	H	X
I	N	P	Z	F	Y	C	E	X	Y	N	B	D
T	J	U	L	F	R	E	P	M	O	A	D	K
B	Y	Z	R	U	V	Q	N	O	U	H	T	P
S	D	U	A	A	T	D	C	N	T	C	K	X
P	U	Y	Y	N	N	O	L	D	O	S	S	X
S	D	N	C	M	E	U	M	B	H	S	J	F
K	H	Z	E	W	G	P	S	J	C	H	Y	B
D	W	Z	U	V	S	C	T	Y	P	N	U	Y
L	W	U	M	A	R	S	A	U	K	V	X	G
K	V	Y	E	X	Z	A	R	I	N	M	T	O

Mars

Mond

Neptun

Pluto

Sonne

Star

Uranus

Venus

Puzzle 16

```
E K A A N M S K L E G O V
T T A R K E Z T A K B Q Y
S M Ö N H G H Z J P O T D
F P D R I O S C W E O M G
I V F I K N N L N V T E B
S Y L E M D C L E H T P D
C A D B R A L H N V Ä F N
H J E D P D E I E Y G H P
H U J G R K F Y H N W X A
Z V N R X R S Y P C T S H
I W O D R L T P M H S N P
```

Fish	Katze
Hund	Pferd
Hähnchen	Schildkröte
Kaninchen	Vogel

Puzzle 17

E	K	A	A	N	M	S	K	L	E	G	O	V
T	T	A	R	K	E	Z	T	A	K	B	Q	Y
S	M	Ö	N	H	G	H	Z	J	P	O	T	D
F	P	D	R	I	O	S	C	W	E	O	M	G
I	V	F	I	K	N	N	L	N	V	T	E	B
S	Y	L	E	M	D	C	L	E	H	T	P	D
C	A	D	B	R	A	L	H	N	V	Ä	F	N
H	J	E	D	P	D	E	I	E	Y	G	H	P
H	U	J	G	R	K	F	Y	H	N	W	X	A
Z	V	N	R	X	R	S	Y	P	C	T	S	H
I	W	O	D	R	L	T	P	M	H	S	N	P

Fish   Katze

Hund   Pferd

Hähnchen   Schildkröte

Kaninchen   Vogel

Puzzle 18

```
B E N O L E M R E S S A W
X E R Z N Z A E H L K Q I
J Y R N E E Z B T G N O Y
Q Z B R N S M Ä M R H B P
W H Z E Y P Ü U E L O F J
H O J T G - Q M L K R C K
A T W C P O L E E B A L O
N P T W X I N A J G W L L
M R L A B I K I U Z A L C
Z O Z Z L I P U E B R L P
I Z Q A H B A B K R D P X H
```

Begonie	Gemüse
Berry-Laub	Bäume
Blatt	Pilz
Blumen	Wassermelone

Puzzle 19

```
M R N E Z I E W N A J Y C
G G V O T C L T K Z V N Q
T S W S B P X S U I U R R
W A M G A Z H W O A S I R
Z M N G P R F Z O R R H O
R G O Y L Z G N S F C K S
E U A B V Y L E E L R E R
C Z B S E G Z Z R N Z M F
D I N R I C R R D S H D L
D D L I W A J Q F U T O I
N D K K M Q M K G G M E B
```

Bohnen	Mais
Gerste	Weizen
Gras	Minze
Kraut	Wild

Puzzle 20

I	N	G	J	U	H	L	I	Z	H	J	G	Y
L	H	S	X	H	P	D	L	N	P	J	W	O
M	S	M	Y	Y	E	Z	N	I	L	I	W	L
I	H	Z	G	E	Q	R	Q	I	H	B	I	P
N	U	K	S	I	L	R	B	X	P	M	L	Q
T	C	Q	V	R	Q	R	E	T	U	K	D	G
V	G	Y	F	J	H	P	A	Z	Y	W	E	Y
G	F	R	P	C	O	R	N	B	F	V	M	O
W	H	E	A	T	V	G	S	W	R	F	K	J
Q	C	U	J	S	Y	W	A	V	A	G	A	V
P	S	T	V	D	S	P	I	V	Z	N	N	M

Bohnen

Be

G

Herb

Mint

Wheat

Corn

Wild

Solutions

Puzzle 1

E	Y	P	F	L	A	N	Z	E	N	A	N	J
D	D	N	P	O	N	B	R	K	J	N	C	X
X	W	R	E	C	Y	C	E	L	N	I	C	W
O	I	A	E	O	D	P	R	W	W	H	F	P
T	F	U	L		E	R	E	B	U	A	S	U
E	D	R	E		R	E	D		G	A	T	O
X	E	G	L	N	A	E	Z	O	U	I	H	R
C	L	A	P	A	W	I	T	E	N	A	L	P
X	Q	A	N	D	N	J	Y	T	F	I	C	M
R	K	S	I	V	H	D	R	Z	U	S	D	Y
A	Y	N	H	N	C	J	Q	U	J	M	S	T

Puzzle 2

I	K	S	E	S	H	W	T	I	G	C	F	V
R	O	U	D	R	S	F	B	D	W	A	W	S
H	L	W	B	W	M	U	Q	H	C	C	U	B
H	S	M	G	U	Y	A	L	V	K	E	P	S
T	N	F	P	N	I	D	K	F	N	S	H	Y
S	B	A	D	J	E	K	R	R	Z	D	E
N	G	D	K	O	N	T	I	N	E	N	T	Y
D	J	R	W	L	G	Q	S	N	G	E	R	L
P	A	S	E	Z	U	W	Z	Ü	S	S	M	Q
S	S	E	U	B	E	V	M	B	W	E	M	D
A	K	N	N	Y	P	T	S	A	G	E	L	P

Puzzle 3

W	T	S	U	N	A	M	I	L	H	L	E	P
W	L	S	C	F	N	N	I	K	U	E	Q	K
F	Q	L	R	H	I	B	G	I	R	Y	K	N
A	R	E	A	C	Ü	M	Q	F	R	Z	G	L
T	K	F	S	F	A	T	A	J	I	T	S	I
W	P	B	S	E	R	W	Z	V	K	T	M	A
E	Y	L	A	G	D	E	R	E	A	A	D	I
Y	A	G	W	F	E	L	S	E	N	L	Q	B
T	D	F	R	L	M	W	A	S	Q	F	M	N
W	V	M	Q	B	A	O	Q	W	A	Z	Q	S
B	Z	Z	O	V	U	Y	O	C	A	W	Y	Q

Puzzle 4

R	I	R	K	O	D	D	S	V	D	B	S	G
O	E	Y	U	C	N	N	I	P	Q	I	U	V
Ö	R	D	W	T	D	A	L	D	A	T	M	H
K	N	A	U	V	L	F	R	M	T	R	W	D
O	D	M	L	Z	O	U	H	I	S	Q	E	X
L	B	Y	D	O	I	S	K	S	Z	B	L	N
O	D	K	D	Q	S	E	F	I	F	A	T	G
G	T	G	Y	N	B	R	R	L	R	D	F	L
I	L	Y	J	T	R	P	F	E	A	G	J	Q
E	O	V	E	R	F	Ü	G	U	N	G	A	U
G	N	U	Z	T	U	M	H	C	S	R	E	V

Puzzle 5

```
N V W U L L R S D G R Ü N
A Q E G L R A L C L L K A
Y W E R H A L T U N G M T
F X X B Ä L B P T F T T M
N W D M I N U B W M T W O
C F E R X S D P A K M W S
T S Q K K Z A E K U A Q P
V C Y F C K Q U R C B O H
C F W G N Ä G B B U A A Ä
C H O V Y I S C H E N F R
S F H O Z Y G D C T R G E
```

Puzzle 6

```
P R U T A N R E T T U M R
C O L F T F K F D U R X S
Z Q X Q F L M X V K T C G
L U F T K O N T R O L L E
K F F O T S T S N U K M M
F Y S W F E R S K E X H Z
O W W U W Y N P R Z D M Y
P W N R B T C K Z E D O B
R C P F F O D T V W U U B
B I C Q X H L P C R R A H
I J H S R P K G H B U D S
```

Puzzle 7

F	N	E	T	H	O	R	D	E	B	H	T	F
L	F	E	G	P	V	B	S	C	K	G	X	E
G	L	O	B	I	E	D	V	P	H	D	L	Y
I	V	W	T	R	L	A	C	A	D	T	W	W
L	P	I	I	S	E	L	J	W	Q	E	X	F
Y	L	E	B	E	N	T	I	B	A	M	M	M
B	Y	Ü	K	I	X	N	S	W	P	B	W	R
O	P	M	M	W	H	G	E	S	I	S	B	G
Z	Z	I	U	J	I	G	K	R	U	E	N	O
O	U	J	T	K	I	Y	I	A	B	A	R	F
N	L	G	Ö	K	O	S	Y	S	T	E	M	F

Puzzle 8

D	U	K	Y	O	F	A	M	H	F	J	M	V
T	R	O	C	K	E	N	W	A	I	S	D	T
I	K	N	W	D	L	M	W	W	A	N	H	R
N	V	X	E	A	O	I	V	U	X	U	S	X
M	E	B	T	F	C	Ä	M	U	A	B	O	C
K	A	P	T	Z	K	H	Q	A	X	B	P	N
I	N	P	E	N	T	S	S	U	W	E	B	J
U	H	N	R	I	M	A	G	T	A	X	Y	C
Y	I	T	E	I	J	Z	O	E	U	T	Y	B
D	Z	U	S	Z	L	M	W	C	D	M	O	B
V	R	H	B	W	S	A	N	P	R	A	M	R

Puzzle 9

Z	U	H	A	U	S	E	P	E	K	M	F	Y
T	F	V	O	U	E	S	Q	C	J	Q	Z	O
P	L	A	N	D	S	C	H	A	F	T	H	C
D	Z	E	F	Z	E	S	N	F	G	F	N	T
F	R	M	W	D	I	B	T	A	A	U	T	M
A	H	A	K	R	Y	S	Y	E	L	R	Q	R
E	W	L	H	D	E	V	P	J	R	A	E	P
C	U	Z	H	W	L	I	R	Q	S	B	B	H
Q	W	Y	L	L	O	V	T	R	E	W	E	X
Z	J	E	N	T	W	A	L	D	U	N	G	N
E	I	G	R	E	N	E	R	A	L	O	S	L

Puzzle 10

A	W	D	D	X	W	Y	C	F	M	Z	O	B
Y	H	K	Ü	T	L	A	F	L	E	I	V	O
D	F	C	Y	R	A	A	G	M	P	O	S	O
V	Z	I	S	P	R	K	U	W	B	P	O	S
B	I	O	D	I	V	E	R	S	I	T	Ä	T
Y	R	Y	V	Y	N	L	R	I	Q	Q	G	H
J	D	O	Y	B	W	A	O	D	S	Y	T	Q
L	D	Y	K	P	Y	R	T	P	E	E	H	I
U	H	Q	E	Y	B	V	G	O	N	A	M	C
C	X	W	G	U	M	K	N	A	B	O	S	W
E	H	P	O	R	T	S	A	T	A	K	B	N

Puzzle 11

E	B	G	M	E	N	S	C	H	H	E	I	T
H	T	O	N	S	R	E	G	N	U	H	U	L
Z	O	W	A	U	R	C	Q	J	G	U	Z	M
D	G	C	N	U	K	L	E	A	R	X	L	G
A	S	C	H	W	E	R	K	R	A	F	T	D
B	C	E	I	R	Q	T	I	E	R	F	I	P
L	X	B	Y	J	I	X	D	W	F	L	P	G
C	C	P	Z	T	I	S	F	V	S	A	T	I
I	N	I	T	I	A	T	I	V	E	U	Z	I
Z	N	A	V	A	Y	J	K	K	T	A	A	H
F	E	Q	P	M	H	A	H	R	O	D	X	Q

Puzzle 12

H	C	P	J	E	N	R	F	L	E	W	Y	Ü
S	Y	X	G	E	S	V	R	A	L	E	T	B
J	X	N	E	D	O	B	L	A	U	C	O	E
W	P	F	L	E	G	E	M	E	P	L	P	R
C	E	I	M	E	D	N	A	P	M	Q	Z	L
V	E	Z	K	G	M	J	I	M	K	K	F	E
W	C	W	Q	P	L	U	U	L	S	K	H	B
P	X	E	I	N	O	P	E	D	H	N	G	E
C	A	R	B	O	N	R	P	E	T	Ü	M	N
S	D	S	A	S	A	M	B	Z	O	H	R	X
R	K	Z	N	S	H	C	Z	F	J	V	I	F

Puzzle 13

```
D T F A H C S N E S S I W
G L I I G G C K Q T V C P
C E A M Y J Z R M M E T S
W Y N W I S R J E T R X C
R X G E N B O Z N W H R H
J N E B R E T S S U A Z Ä
A V T E M A G E C W L E D
B B K R I I T E H O T G L
S M K R Q Q H I R W E W I
H C S I N A G R O H N L C
F A Y R Z A Z E G N O T H
```

Puzzle 14

```
F A T E T Z L T C Z S B R
N L U F T Q U A L I T Ä T
H K H B P E L K B I W D X
B C O C D U F F U O S Q K
T H S S N S D Q N L C F
K S O I M N E H U F F G U
V A I O N O E Z N U B T I
N A B W Q A S M N D F L B
C K J Q Z X G M U Ä D E N
Q E K V X T J R O W L I F
K F F L L Q Q F O G A G V
```

Puzzle 15

```
O N O E U R S R Z R C H X
I N P Z F Y C E X Y N B D
T J U L F R E P M O A D K
B Y Z R U V Q N O U H T P
S D U A A T D C N T C K X
P U Y Y N N O L D O S S X
S D N C M E U M B H S J F
K H Z E W G P S J C H Y B
D W Z U V S C T Y P N U Y
L W U M A R S A U K V X G
K V Y E X Z A R I N M T O
```

Puzzle 16

```
E K A A N M S K L E G O V
T T A R K E Z T A K B Q Y
S M Ö N H G H Z J P O T D
F P D R I O S C W E O M G
I V F I K N N L N V T E B
S Y L E M D C L E H T P D
C A D B R A L H N V Ä F N
H J E D P D E I E Y G H P
H U J G R K F Y H N W X A
Z V N R X R S Y P C T S H
I W O D R L T P M H S N P
```

```
E K A A N M S K L E G O V
T T A R K E Z T A K B Q Y
S M Ö N H G H Z J P O T D
F P D R I O S C W E O M G
I V F I K N N L N V T E B
S Y L E M D C L E H T P D
C A D B R A L H N V Ä F N
H J E D P D E I E Y G H P
H U J G R K F Y H N W X A
Z V N R X R S Y P C T S H
I W O D R L T P M H S N P
```

Puzzle 17

```
B E N O L E M R E S S A W
X E R Z N Z A E H L K Q I
J Y R N E E Z B T G N O Y
Q Z B R N S M Ä M R H B P
W H Z E Y P Ü U E L O F J
H O J T G - Q M L K R C K
A T W C P O L E E B A L O
N P T W X I N A J G W L L
M R L A B I K I U Z A L C
Z O Z Z L I P U E B R L P
I Z Q A H B A K R D P X H
```

Puzzle 18

Puzzle 19

M R N E Z I E W N A J Y C
G G V O T C L T K Z V N Q
T S W S B P X S U I U R R
W A M G A Z H W O A S I R
Z M N G P R F Z O R R H O
R G O Y L Z G N S F C K S
E U A B V Y L E E L R E R
C Z B S E G Z Z R N Z M F
D I N R I C R R D S H D L
D D L I W A J Q F U T O I
N D K K M Q M K G G M E B